室内风格与软装方案大全

禅意

理想·宅 编

中国电力出版社
CHINA ELECTRIC POWER PRESS

内 容 提 要

本书包含广受业主喜爱的中式古典风格、新中式风格、日式风格、东南亚风格 4 种禅意装饰风格。书中分析了风格设计要素，运用大量的图片帮助读者真正了解风格特点，可作为灵感来源和参考资料；软装拉线式的方式辅助讲解，风格要素一目了然，风格特点一看就懂，帮助读者解决疑难点问题。

图书在版编目（CIP）数据

室内风格与软装方案大全．禅意 / 理想 · 宅编．— 北京：中国电力出版社，2020.7

ISBN 978-7-5198-4629-9

Ⅰ．①室…　Ⅱ．①理…　Ⅲ．①住宅 - 室内装饰设计 - 图集
Ⅳ．① TU241-64

中国版本图书馆 CIP 数据核字（2020）第 073092 号

出版发行：中国电力出版社
地　　址：北京市东城区北京站西街 19 号（邮政编码 100005）
网　　址：http://www.cepp.sgcc.com.cn
责任编辑：曹　巍（010 - 63412609）
责任校对：黄　蓓　常燕昆
责任印制：杨晓东

印　　刷：北京博海升彩色印刷有限公司
版　　次：2020 年 7 月第一版
印　　次：2020 年 7 月第一次印刷
开　　本：889 毫米 × 1194 毫米　16 开本
印　　张：9
字　　数：271 千字
定　　价：58.00 元

目录

contents

日式风格 081

东南亚风格 117

中式古典风格

家 具

具有中式古典风格，讲究对称原则。

明清家具、圈椅、案类家具、坐墩、博古架、中式架子床

材 料

以木材为主要材料，充分发挥木材的物理性能，创造出独特的木结构或穿斗式结构。

木材、文化石、青砖、字画壁纸

配 色

运用色彩装饰手段营造意境，擅用皇家色。

中国红、黄色系 、棕色系、蓝色 + 黑色

装 饰

追求修身养性的生活境界。

宫灯、青花瓷、中式屏风、中国结、文房四宝、书法装饰、菩萨、佛像、挂落、雀替、木雕花壁挂

形状图案

借鉴我国传统木结构建筑的造型，镂空类造型是中式家居的灵魂。

垭口、藻井吊顶、窗棂、回字纹、冰裂纹、福禄寿字样、牡丹图案、龙凤图案、祥兽图案、镂空类造型

遵循沉稳、厚重的配色基调

中式古典风格的家居配色要体现出沉稳、厚重的基调。因此，在家具上常见深棕色系，同时常用皇家色彩进行装点，如帝王黄、中国红、青花瓷蓝等。另外，祖母绿、黑色也会出现在中式古典风格的居室中。但需要注意的是，除了明亮的黄色之外，其他色彩多为浊色调。

木雕花壁挂　茶案装饰

实木茶几　书法装饰　瓷器装饰

桌旗装饰　实木家具

镂空造型门扇　古典民族风地毯

茶案装饰　实木雕花装饰

明清家具　灯笼架台灯

明清家具　隔扇

瓷器装饰　明清家具

明清家具

明清家具　木雕摆件

茶案装饰　镂空造型窗扇

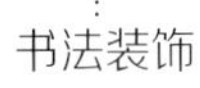

书法装饰　博古架

垭口　仿青铜器装饰

书法装饰　实木书桌

中国结装饰靠枕　镂空造型隔扇

古典乐器装饰

明清家具　古典民族风绣花床品

明清家具　书法装饰

古乐器装饰　原木坐墩

书法装饰　茶案装饰

水墨画装饰　明清家具

明清家具　灯笼装饰

几案类家具

装饰摆件

造型、图案多沿袭悠久的历史文化韵味

中式古典风格的造型、图案是从中国悠久的历史中发展而来的。能够代表中式古典家居风格的元素很多，如垭口、窗棂、镂空类造型、回字纹、冰裂纹、福禄寿字样、牡丹图案、龙凤图案、祥兽图案等。这些图案和造型也被广泛地运用在家居软装之中。

蜡梅装饰花艺　明清家具

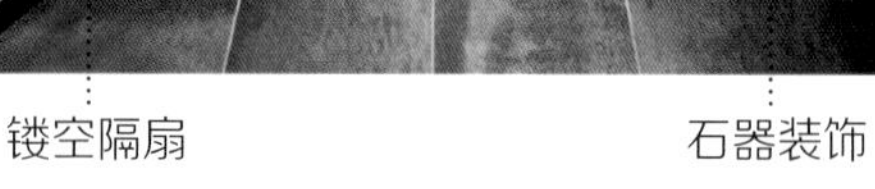

镂空隔扇　石器装饰　镂空造型隔扇　明清家具

明清家具　福字装饰　实木茶几　仿古造型台灯

青花瓷　明清家具

明清家具　瓷器装饰

镂空造型门扇装饰　明清家具

明清家具　鸟笼造型吊灯

实木餐桌椅　水墨花卉装饰画

镂空窗扇　茶案装饰

明清家具　青花瓷

灯笼架落地灯　中式帘头的窗帘

回字纹地毯　圈椅　青花瓷　垭口

实木榻　几案类家具　竹木卷帘　木雕花壁挂

圈椅　棉麻刺绣靠枕　挂落　圈椅

镂空造型窗扇　实木榻

隔扇　石器装饰　木雕花壁挂　几案类家具

挂落　原木茶座

坐墩

家具选用遵循传统的美学精神

中式古典风格的布局设计严格遵循均衡对称原则，家具的选用与摆放是其中最主要的内容。传统家具多选用名贵硬木精制而成，一般分为明式家具和清式家具两大类。明清家具同中国古代其他艺术品一样，不仅具有深厚的历史文化艺术底蕴，而且具有实用的功能，可以说在中式古典风格中，明清家具是一定要出现的元素。常见的明清家具类型包括椅凳类、桌案类、榻类、中式架子床、博古架等。

茶案装饰　中式屏风

中式屏风　藤编地毯　铜锁实木柜

实木铜锁家具　瓷器装饰

实木家具　中式屏风

灯笼架台灯　明清家具

明清家具　棉麻刺绣靠枕

书法装饰　茶案装饰

明清家具　博古架

茶案装饰　几案类家具

博古架　明清家具

明清家具　水墨画装饰

明清家具　水墨画装饰

禅意绿植　明清家具

圈椅　明清家具

明清家具　圈椅

坐墩　博古架

圈椅　水墨装饰画

明清家具　文房四宝

圈椅　书法装饰

镂空隔扇　圈椅

明清家具　骏马装饰

明清家具　镂空雕花门

明清家具　书法装饰

质地优良、花色精美的丝绸织物可提升空间品质

丝绸织物质地优良、花色精美。亮色系的丝绸搭配重色系的木材被广泛用于中式古典风格的居室中。例如，黄色系丝绸可用作挂帷装饰，挂置于门窗墙面等部位；也可以用作分割室内空间的屏障；用黄色、红色或蓝色丝绸制作的靠枕、坐垫、床上用品等同样能提升家居品位。

灯笼架落地灯　书法装饰

圈椅　木雕装饰

实木榻　圈椅

明清家具　书法装饰

明清家具　茶案装饰

实木榻　圈椅

明清家具　　鸟笼装饰

鸟笼造型落地灯　　中式屏风　　隔扇　　圈椅

中式帘头的窗帘　　莲花造型吸顶灯

禅意花艺　　棉麻刺绣靠枕

古典民族风绣花靠枕　明清家具

鹤架落地灯　明清家具

青花瓷台灯　实木茶几

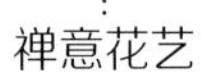

禅意花艺　棉麻刺绣靠枕

博古架　明清家具

中式屏风　圈椅

佛首装饰　圈椅

坐墩　中式屏风

书法装饰　实木榻

古典民族风绣花床品　实木雕花双人床

挂落　中式帘头的窗帘

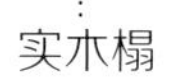

灯笼架落地灯　实木榻

圈椅　青花瓷

青花瓷　雕花窗扇

天然木材体现传统中式韵味

中式古典风格的主要特征为气势恢宏、沉稳大气，在材料的选择上应以质朴、厚重来吻合家居主体风格。其中，木材是中式古典风格中的主要建材，其天然的质感与色泽，可以充分凸显出中式特征。另外，青砖、中式花纹壁纸等，也是塑造风格的好帮手。

古典民族风绣花靠枕　圈椅

茶案装饰　水墨装饰画　明清家具

中式帘头的窗帘　隔扇

圈椅　佛像

棉麻刺绣靠枕　博古架

博古架　灯笼架落地灯

茶案装饰　明清家具

灯笼架台灯　茶案装饰

实木茶几　禅意花艺

明清家具　中式屏风

圈椅　原木坐墩

明清家具　宫灯

明清家具　青花瓷

水墨仿古灯　实木家具

窗棂　明清家具

中式架子床　中式帘头的窗帘

灯笼造型台灯

灯笼架落地灯　实木榻

圈椅　实木榻

中式帘头的窗帘　圈椅

灯笼架落地灯　实木榻

实木榻　灯笼架落地灯

高雅装饰品将中国文化的精髓满溢居室

中式古典风格中的装饰品应体现出高雅的格调，如木雕花壁挂可以体现出中国传统家居文化的独特魅力，青花瓷则可以将中国文化的精髓满溢于整个居室空间。此外，鸟笼、陶俑、木雕、书法装饰画等物品也可以用于空间装饰，令居室呈现出文化韵味与独特风格。

水墨画装饰　圈椅

坐墩　茶案装饰

坐墩　青花瓷

根雕装饰　古典民族风绣花桌旗

明清家具　博古架

笔挂装饰 青花瓷

水墨装饰画 明清家具

文房四宝 木雕装饰

青花瓷

水墨画装饰 圈椅

水墨画装饰 灯笼台灯

禅意装饰　青花瓷

青花瓷　铜锁柜

挂落　瓷器装饰

挂落　瓷器装饰

新中式风格

家具

庄重繁复的明清家具的使用率减少，取而代之的是线条简洁的中式家具。

圈椅、无雕花架子床、简约化博古架、线条简洁的中式家具、现代家具＋清式家具

材料

主材往往取材于自然，但也不必拘泥，即使是玻璃、金属等，一样可以展现新中式风格的韵味。

木材、竹木、青砖、石材、中式风格壁纸、金属

配色

新中式风格是对中式古典风格的提炼，将中式风格精粹与现代手法相结合。

无色系同类配色，无色系＋木色，无色系＋棕色系，无色系＋红／黄，无色系＋蓝、绿

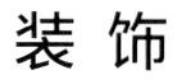

装饰

新中式风格在装饰品的选择上，与古典中式风格的差异不大，但选择上更加广泛。

水墨／梅兰竹菊挂画、青花瓷、书法装饰画、茶台、鸟笼、根雕摆件、仿古灯、折扇、中式花艺

形状图案

在造型、图案的设计上以内敛沉稳的中式元素为出发点，空间装饰多采用简洁、硬朗的直线条。

简洁硬朗的直线条、“梅兰竹菊”图案、花鸟图、中式镂空雕刻

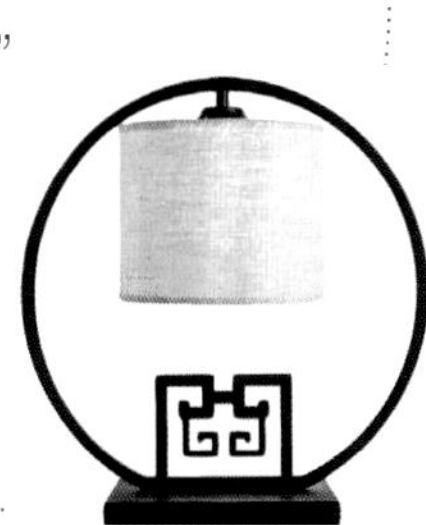

新中式风格的选材不必过于拘泥

新中式风格的主材往往取材于自然，如用来代替木材的装饰面板、石材等，尤其是装饰面板，最能够表现出深厚的韵味。但也不必拘泥，只要掌握材料的特点，就能够选用适当的材料，即使是玻璃、金属等现代材质，也一样可以展现新中式风格的特征。

线条简练的中式家具　现代混材边几

线条简练的中式家具　现代组合茶几

水墨纹地毯　现代金属茶几

茶案　线条简练的中式家具

线条简练的中式家具　现代茶几

仿古灯　改良博古架

线条简练的中式家具　水墨山水画装饰

中式花艺　线条简练的中式家具

线条简练的中式家具　素雅花艺

根雕装饰　线条简练的中式家具

组合茶几　素雅花艺

中式鼓凳　简约博古架

现代沙发　中式花艺

成对石狮子　中式屏风

中式祥云花纹地毯　现代边几

莲叶造型灯具

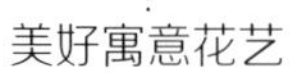

美好寓意花艺

线条简练的中式家具　佛首装饰

现代金属茶几　景德镇陶瓷台灯

中式花纹靠枕　线条简练的中式家具

线条简练的中式家具

仿古家具　实木书桌

改良中式家具

禅意枯枝花艺　石雕装饰

中式花艺　金属长桌

线条简练的中式家具　现代布艺沙发

中式花艺　折扇

红色、黄色作为点缀色，可令空间更具层次感

新中式风格讲究的是自然和谐的色彩搭配，经典的配色是以黑、白、灰色和木色为基调。在这些主色的基础上可以选用象征吉祥、喜庆的红色调或在传统中象征财富和权力的黄色调作为局部跳色，这样可以令空间更具层次感。

刺绣缎面靠枕　　线条简练的中式家具

改良中式座椅　　现代组合茶几　　仿古落地灯　　金属花器

线条简练的中式家具　　水墨山水画装饰

简约博古架　　线条简练的中式家具

中式图案靠枕
简练的圈椅
山水画
线条简练的中式家具
寓意美好的花艺
仿古落地灯
金属茶几
茶案
寓意美好的花艺
仿古落地灯
刺绣缎面靠枕
禅意摆件

瓷器装饰　改良中式座椅

金属吊灯　陶瓷花器

中式花艺　现代座椅

线条简练的中式家具　中式花艺

中式花艺　水墨图案隔门

线条简练的中式家具　中式花艺

中式纹饰地毯　仿古灯

蜡梅图装饰画　仿古灯

无雕花架子床　景德镇陶瓷台灯

寓意美好的花艺　实木餐桌椅

禅意绿植　线条简练的中式家具

仿古台灯　扇形装饰

仿古台灯　水墨山水画

无色系与蓝色、绿色搭配，令空间更为清新

传统中式风格的色彩较为沉重，多选用深色系的家具和饰品，而新中式风格则强调自然舒适性。以经典的无色系为主色，可强化新中式风格的自然感和厚重感，为居室奠定温馨、舒适的氛围，同时加入蓝色与绿色作为点缀色使用，令典雅的新中式风格更为清新。

笔挂装饰　禅意绿植

茶案　成对摆件

茶案　线条简练的中式家具

中式花艺　改良中式座椅

改良圈椅　线条简练的中式家具

圆形装饰　素雅花艺

成对石狮子　中式花艺

线条简练的中式家具　素雅花艺

线条简练的中式家具　现代沙发

缎面靠枕　线条简练的中式家具

素雅花艺　圆形墙饰

线条简练的中式家具　刺绣缎面靠枕

线条简练的中式家具　花鸟刺绣靠枕

仿古灯　线条简练的中式家具

线条简练的中式家具　仿古台灯

线条简练的中式家具　花鸟图案装饰画

景德镇陶瓷台灯　带穗靠枕

线条简练的中式家具 圆形装饰

现代布艺沙发　中式花纹靠枕

茶案　中式花纹靠枕

线条简练的中式家具　扇形装饰

线条简练的中式家具　景德镇陶瓷台灯

回字纹地毯　青花瓷图纹靠枕

线条简练的中式家具传达出简洁理念

新中式风格中，庄重繁复的明清家具较少使用，取而代之的是线条简练的中式家具，也常用现代家具与明清家具的组合，弱化传统中式居室带来的沉闷感。另外，像坐凳、简约博古架、屏风这类传统的中式家具也常常出现。

现代沙发　古典乐器

线条简练的中式家具

现代多功能茶几　线条简练的中式家具

线条简练的中式家具　灯笼式落地灯

现代沙发　线条简练的中式家具

现代布艺沙发　中式花艺

线条简练的中式家具　改良博古架

瓷器摆件　线条简练的中式家具

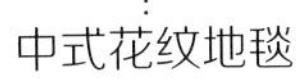

中式花纹地毯　仿古灯

线条简练的中式家具

线条简练的中式家具

线条简练的中式家具　仿古灯

线条简练的中式家具　寓意美好的花艺

水墨山水画　现代布艺双人床

无雕花架子床　茶案

线条简练的中式家具

线条简练的中式家具　简约博古架

现代长桌　扇形装饰

书画装饰　线条简练的中式家具

文房四宝　线条简练的中式家具

线条简练的中式家具　素雅花艺

禅意绿植　文房四宝

实木茶桌　中式画筒

线条简练的中式家具　仿古台灯

线条简练的中式家具

符合人体工学的家具更具舒适性

新中式的沙发扶手与背靠、椅子的靠背与座板等，都融入了人体工程学设计，具有严谨的结构和线条，沙发坐垫部分的填充物偏软，靠背部分偏硬，加上特制的腰枕，贴合人体曲线，更具舒适性。传统座椅也结合现代功能需求，如在明式家具上加上沙发坐垫等。

仿古落地灯　线条简练的中式家具

现代布艺拐角沙发　茶案

水墨感地毯　现代造型沙发

线条简练的中式家具　改良圈椅

改良屏风　线条简练的中式家具

实木边几　混材台灯

现代造型单人沙发　刺绣缎面靠枕

改良中式椅　中式花艺

圆形装饰　中式墙饰

石雕装饰　线条简练的中式家具

仿古灯　线条简练的中式家具

现代布艺沙发　中式花纹地毯

线条简练的中式家具　仿古灯

仿古灯　线条简练的中式家具

中式花艺　线条简练的中式家具

皮质座椅　圆形装饰

圆形挂饰　寓意美好的花艺

线条简练的中式家具　寓意美好的花艺

线条简练的中式家具　寓意美好的花艺

现代座椅　根雕装饰

中式花艺　水墨山水画装饰

仿古灯　线条简练的中式家具

线条简练的中式家具

线条简练的中式家具　水墨装饰画

坐墩令新中式风格更贴近自然

坐墩又称绣墩，是我国传统家具中最富有个性的坐具，多以实木材料为主。明清坐墩有别，明代墩面隆起，清代墩面为平面。一般在上下彭牙上做两道弦纹和鼓钉，保留着蒙皮革、钉帽钉的形式。新中式风格的坐墩材质和样式更加多样，有的还雕刻上花鸟图案，突显喜庆气氛。

中式鼓凳　现代布艺沙发

藤编鼓凳　线条简练的中式家具

中式鼓凳　线条简练的中式家具

现代造型茶几　中式花纹靠枕

现代布艺沙发　花鸟图案鼓凳

现代布艺沙发　金属鼓凳

改良鼓凳　圆形墙饰

中式鼓凳
青花瓷图纹靠枕
中式鼓凳
寓意美好的花艺
素雅花艺
中式鼓凳
仿古灯
中式鼓凳
线条简练的中式家具
现代布艺沙发
中式鼓凳
仿古落地灯

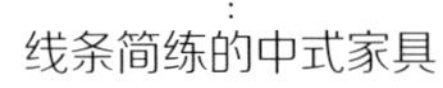

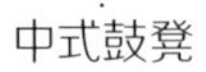

线条简练的中式家具　中式鼓凳

线条简练的中式家具　文房四宝

线条简练的中式家具　中式鼓凳

景德镇陶瓷台灯　中式鼓凳

中式鼓凳　简化博古架

中式鼓凳　棋盘装饰

线条简练的中式家具　改良博古架

仿古落地灯　线条简练的中式家具

茶具　线条简练的中式家具

简练的圈椅　线条简练的中式家具

金属坐凳　传统鼓凳

窗帘多体现对称、内敛、含蓄的特点

新中式风格的窗帘在形式上一般以对称为主，遵循了中式风格设计的原则。色彩上会选择中国传统色彩或低调的颜色，常用一些中式风格的宽花边做拼接，同时在细节处理上加入一些中国的特色元素。另外，中式窗帘的款式不会太过烦琐，很少用到水波幔，一般在窗帘盒外做一个平幔或者在罗马杆内做一个内幔，以体现中式风格内敛、含蓄的特点。材质上可以选择一些仿丝面料，体现光泽度和垂坠感。

中式花纹沙发坐垫　实木茶几

刺绣缎面靠枕　回字纹地毯　茶案　线条简练的中式家具

鸟笼装饰　青花瓷

线条简练的中式家具　景德镇陶瓷台灯

线条简练的中式家具　现代家具

线条简练的中式家具　仿古灯

金属茶几　改良中式家具

中式花艺　线条简练的中式家具

仿古灯　线条简练的中式家具

现代沙发　线条简练的中式家具

现代家具 + 传统家具　仿古灯

线条简练的中式家具　现代布艺沙发

中式花纹地毯　线条简练的中式家具　圆形墙饰

仿古造型床头柜　写意装饰画

现代造型餐椅　禅意绿植

刺绣缎面靠枕　圆形装饰

刺绣缎面靠枕　圆形装饰

刺绣缎面床品　景德镇陶瓷台灯

仿古灯　线条简练的中式家具

仿古灯　线条简练的中式家具

线条简练的中式家具　仿古灯

中式纹饰地毯　线条简练的中式家具

中式纹饰地毯　刺绣缎面靠枕

仿古灯　刺绣缎面床品

花纹布艺织物呈现浓郁的中国风

中式图案的布艺织物能打造出高品质的唯美情调，如印有鸟类、蝴蝶、团花等传统刺绣图案的靠枕，摆放在素色家具上可以呈现出浓郁的中国风。另外，靠枕选择可以根据整体空间的氛围来确定，如果空间中的中式元素较多，靠枕最好选择纯色；反之，靠枕则可以选择带有中式花纹或花鸟图的纹样。

茶案　水墨山水画

刺绣缎面靠枕　茶案

现代布艺沙发　桌旗

刺绣缎面靠枕　改良圈椅

线条简练的中式家具　实木茶几

刺绣缎面靠枕　线条简练的中式家具

改良圈椅　桌旗

字画装饰　现代布艺沙发

线条简练的中式家具　水墨山水画装饰

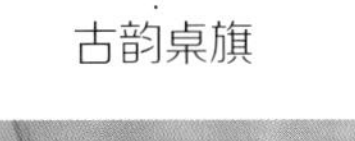

古韵桌旗　茶案

中式花艺　现代茶几

仿古落地灯　线条简练的中式家具

中式纹饰靠枕　线条简练的中式家具

镂空装饰　　仿古台灯

中式纹饰靠枕　　实木双人床

圆形墙饰　　中式花艺

茶案　　仿古灯

线条简练的中式家具　　古典乐器

素雅花艺　　黑白水墨装饰画

刺绣缎面靠枕　　景德镇陶瓷台灯

景德镇陶瓷台灯　扇形装饰　古典乐器

仿古灯　圆形装饰　圆形装饰　茶盘

圆形墙饰　中式纹饰靠枕

茶盘　金属摆件

古韵桌旗和床巾提升空间格调

桌旗和床巾均可以传递出浓郁的中国传统文化特征，一般是由上等的真丝或棉布等材质制成。其中桌旗常作为装饰被铺在木质桌子的中线或是对角线上，并应与周围的环境、物品、整体装饰的色调等相协调；而床巾则会铺陈到床品上，同样起装饰作用，以提升空间的品位与格调。

仿古灯　现代布艺沙发

仿古灯　鼓凳

鸟笼造型吊灯　桌旗

线条简练的中式家具　仿古灯

线条简练的中式家具　中式花艺

刺绣缎面靠枕　仿古灯

改良圈椅　线条简练的中式家具

仿古灯　水墨山水画装饰

茶具　现代造型茶桌

古韵桌旗　线条简练的中式家具

古韵桌旗　实木餐桌

瓷器摆件　古韵桌旗

禅意绿植　线条简练的中式家具

景德镇陶瓷台灯　手绘蜡梅床头柜

回字纹床品　水墨山水画

线条简练的中式家具　回字纹地毯

扇形装饰　无雕花架子床

景德镇陶瓷台灯　刺绣缎面靠枕

刺绣缎面靠枕　改良衣架

仿古灯　中式装饰构件

线条简练的中式家具

刺绣缎面床品　仿古台灯

仿古台灯　中式墙饰

棋盘装饰　仿古灯

素雅花艺　中式花纹地毯

中式纹饰靠枕

水墨山水画　寓意美好的花艺

刺绣缎面靠枕

仿古灯具令空间充满古韵气息

仿古灯具与中式古典灯具相比，外形简朴，注重神韵的表达，且多在罩面绘制中式图案，如花鸟等元素，呈现出宁静而古朴的气息。将仿古灯用在家居空间中，既有鲜明的传统元素，又具有浪漫情调，营造典雅、祥和的空间氛围。

改良圈椅　鸟笼装饰

仿古灯　景德镇陶瓷台灯

线条简练的中式家具　仿古灯

扇形装饰　鸟笼吊灯

中式花艺　灯笼吊灯

中式花艺 手绘花卉中式柜

线条简练的中式家具 仿古灯

仿古灯 简练的圈椅

简练的圈椅 仿古灯

鸟笼造型灯 现代家具

中式花艺 仿古灯

仿古灯　线条简练的中式家具

鸟笼造型吊灯　茶案

仿古落地灯　线条简练的中式家具

茶案　仿古灯

仿古灯　线条简练的中式家具

线条简练的中式家具　鸟笼造型吊灯

中式花纹靠枕　改良床头柜

线条简练的中式家具　书法装饰　仿古灯　原木茶桌

仿古灯笼吊灯　改良中式家具

仿古灯　中式墙饰

富有文化意韵的装饰品营造典雅韵味

新中式风格在装饰品的选择上，与古典中式风格的差异性不大，只是选材更加广泛。如以鸟笼、根雕、青花瓷等为主题的饰品，会给新中式家居营造出休闲、雅致的古典韵味。另外，中式花艺源远流长，可以作为家居中的点睛之笔，也可以用松竹、梅花、菊花、兰花、石榴等带有中式特色的植物，来营造家居氛围。

禅意绿植　线条简练的中式家具

线条简练的中式家具　圆形雾凇装饰

莲花装饰画　桌旗

现代布艺沙发　禅意绿植

中式鼓凳　寓意美好的花艺

曲线造型茶几　寓意美好的花艺

古韵桌旗　线条简练的中式家具

寓意美好的花艺　文房四宝

水墨山水画装饰　仿古灯

禅意绿植　茶案

寓意美好的花艺　仿古台灯

中式花艺　线条简练的中式家具

中式花纹地毯　线条简练的中式家具

圆形墙饰　线条简练的中式家具

素雅花艺　回字纹靠枕

寓意美好的花艺　线条简练的中式家具

水墨装饰画　改良座椅

原木茶桌　线条简练的中式家具

中式花艺　仿古灯

禅意绿植　仿古落地灯

素雅花艺　笔挂装饰

古松装饰　茶具

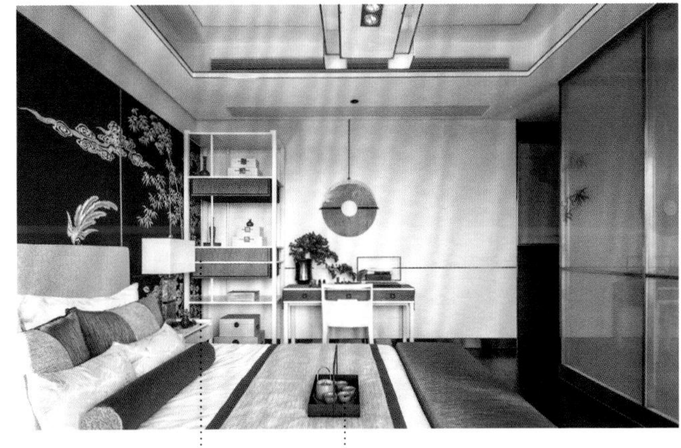

改良博古架　茶案

线条简练的中式家具　盘状装饰

花鸟图案元素令空间充满轻松氛围

花鸟图案是新中式风格的构成要素，在家居中被广泛运用。在墙面悬挂花鸟挂画装饰，既可以将自然气息带入家居中，使空间充满轻松、悠闲的氛围，其丰富的图案和色彩也可以是不可多得的绝佳装饰。

中式纹饰靠枕　现代组合茶几

笔挂装饰　茶案　仿古灯　线条简练的中式家具

仿古灯　梅花装饰画

茶案　中式花艺

中式花卉地毯　金属茶几

中式纹饰靠枕　瓷器摆件

仿古灯　古韵桌旗

仿古灯　中式花艺

线条简练的中式家具

景德镇陶瓷台灯　荷花装饰画

中式床头柜 刺绣缎面靠枕

景德镇陶瓷台灯 花草纹床品

实木床头柜 中式花艺

仿古灯 刺绣缎面靠枕

仿古灯 素雅花艺

仿古灯 刺绣缎面靠枕

现代造型座椅 中式花艺

线条简练的中式家具

景德镇陶瓷台灯　刺绣缎面靠枕

景德镇陶瓷台灯　茶案

景德镇陶瓷台灯　刺绣缎面靠枕

线条简练的中式家具

仿古灯　中式纹饰靠枕

直线条双人床　刺绣缎面床品

中式花艺　成对瓷器摆件

中式水墨画体现幽静、自然的意境

低纯度的水墨画强调清幽、自然、拙朴的感觉，极具格调。将低纯度的水墨画运用在布艺或挂画上，可以营造出静谧且气韵流动的空间。将水墨画与实木家具结合，可以渲染出禅意氛围，体现幽静、自然的意境。

线条简练的中式家具　改良圈椅

线条简练的中式家具　仿古灯　现代组合茶几　水墨山水画

水墨画　实木书桌

水墨画　线条简练的中式家具

中式纹饰靠枕　水墨装饰画

线条简练的中式家具

仿古灯　瓷器摆件

金属茶几　中式花艺

现代布艺沙发　素雅花艺

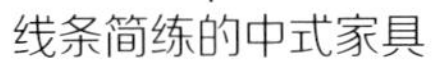

线条简练的中式家具　茶案

现代布艺沙发　水墨山水画

刺绣缎面床品　线条简练的中式家具

仿古灯　刺绣缎面床品

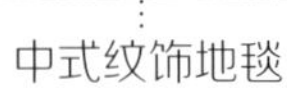

刺绣缎面床品　中式纹饰地毯

中式屏风　线条简练的中式家具

茶案　景德镇陶瓷台灯

景德镇陶瓷台灯　花卉图案布艺

根雕装饰　刺绣缎面床品

回字纹靠枕　改良中式屏风

线条简练的中式家具　水墨装饰画

线条简练的中式家具　仿古灯

仿古灯　水墨山水画

仿古灯　线条简练的中式家具

中式花艺

水墨山水画　仿古灯

水墨画　瓷器装饰

文房四宝、根雕极具中式文化美感

文房四宝为中国古代传统文化中的书写工具，即笔、墨、纸、砚，不仅具有极强的实用价值，也是融绘画、书法、雕刻、装饰等为一体的艺术品；根雕来源于自然，极具意蕴。选择合适的物件摆放在新中式风格的空间中，可以彰显出中式古典文化的独特魅力。

线条简练的中式家具　　禅意绿植

笔挂装饰　水墨山水画　线条简练的中式家具　改良圈椅

线条简练的中式家具

金属茶几　仿古摆件

茶案　文房四宝

线条简练的中式家具

笔挂装饰　根雕装饰

茶案　文房四宝

笔挂装饰　文房四宝

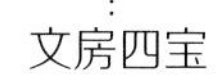

笔挂装饰　文房四宝

禅意绿植　白瓷摆件

线条简练的中式家具　笔挂装饰

线条简练的中式家具　扇形装饰

线条简练的中式家具　禅意绿植

线条简练的中式家具　茶案

禅意绿植　中式挂画

线条简练的中式家具　禅意绿植

日式风格

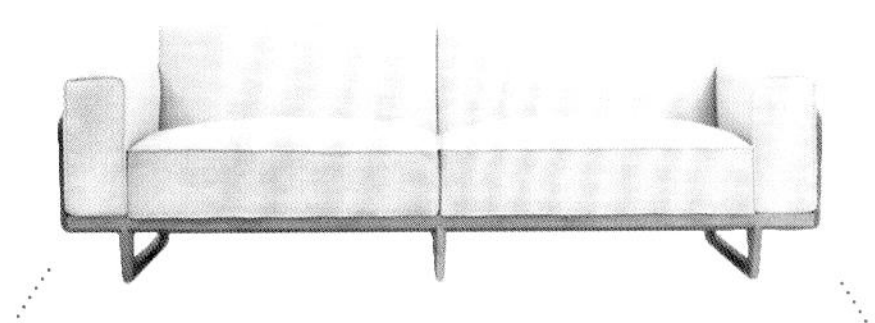

家 具

家具低矮且体量不大，布置时运用的数量也较为节制，保证原始空间的宽敞、明亮感。

榻榻米、低矮家具、传统日式茶桌、升降桌、榻榻米座椅

材 料

注重与大自然相融合，所用的装修建材也多为自然界的原材料。

木质、竹质、纸质、藤质

配 色

通常以素雅为主，淡雅、自然的颜色常作为空间主色。原木色是一定要出现的色彩，可以令家居环境更显干净、明亮。

原木色为主色、白色 / 米黄色 + 木色、木色 + 浊色调点缀

装 饰

装饰品同样遵循以简化繁的手法，求精不求多。利用独有风格特征的工艺品，来表达其风格本身特有的韵味。

浮世绘装饰画、清水烧茶具、竹木灯具 、日式插花、日式茶盘、和风宣纸灯具

形状图案

无论空间造型、家具，大多为横平竖直的直线条，常见樱花、浅淡水墨画等具有日式特色的图案。

横平竖直的线条、樱花图案、竹子图案、山水图案、木格纹

常用取材自然的设计手法

日式风格常运用几何学形态要素及单纯的线和面的交错排列处理，避免物体和形态突出，尽量排除多余痕迹，采用取消装饰细部处理的抑制手法来体现空间本质，并使空间具有简洁明快的时代感。另外，日式风格力求与大自然融为一体，选用材料也特别注重自然质感，借用外在自然景色，为室内带来生机。

低矮茶几　纯色地毯

低矮茶几　直线条实木家具　蒲团坐垫

实木框架布艺沙发　低矮边几　实木餐桌椅　简约灯具

实木框架布艺沙发　编藤地毯　编藤地毯　纯色布艺靠枕

编藤地毯　障子门

低矮茶几　障子门

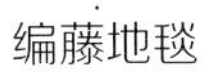

多功能柜　日式茶盘

低矮电视柜　直线条实木茶几

障子门窗　蒲团坐垫

实木圆桌　简约灯具

简约灯具　直线条实木餐桌

原木矮凳　淡雅花艺

多功能实木收纳柜　纯色布艺靠枕

障子门　和风宣纸灯具

多功能实木收纳柜

直线条实木餐桌　日式茶盘

直线条实木餐桌　实木餐椅

竹木卷帘

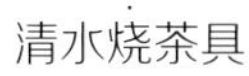
清水烧茶具

日式插花　清水烧茶具

实木框架布艺沙发　低矮茶几

简约灯具　直线条实木洗手台

榻榻米　障子窗

蒲团坐垫　禅意绿植

直线条实木书桌　浮世绘装饰画

空间造型及图案力求体现唯美意境

日式风格家居给人的视觉观感十分清晰、利落，无论空间造型，还是家具，大多为横平竖直的直线条，很少采用带有曲度的线条。常见樱花、浅淡水墨画等图案用于墙面装饰，十分具有日式特色。而在布艺中，则常见日式和风花纹，令家居环境体现出唯美意境。

低矮无脚沙发　障子门

低矮边柜　纯色布艺沙发

纯色布艺沙发　低矮茶几

纯色地毯　纯色布艺沙发

低矮茶几　实木框架布艺沙发

纯色布艺沙发　纯色地毯

实木框架布艺沙发　低矮茶几

实木餐桌椅　低矮茶几

无脚布艺沙发　低矮茶几

低矮茶几　日式茶盘

简约灯具　纯色布艺沙发

低矮茶几　纯色布艺沙发

编藤地毯　蒲团坐垫

障子门　低矮茶几

低矮沙发　低矮茶几

纯色布艺沙发　纯色棉麻窗帘

纯色布艺沙发　简约灯具

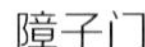

障子门　实木框架布艺沙发

纯色布艺沙发　低矮茶几

直线条实木餐桌　纯色布艺沙发

低矮茶几　纯色布艺沙发

直线条实木双人床　纯色地毯

直线条双人床　简约灯具

和风装饰画　障子门

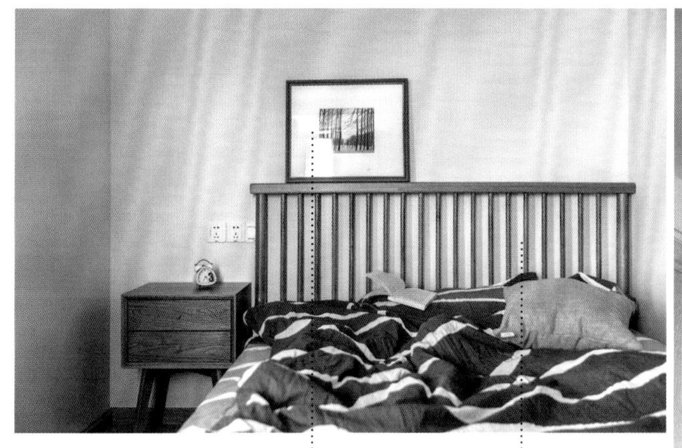

简约风装饰画　直线条实木双人床

直线条实木双人床

和风宣纸灯具　纯色布艺床品

家居配色通常以素雅为主

日式风格在色彩上不讲究斑斓炫丽，通常以素雅风格为主，淡雅、自然的颜色常作为空间主色。在配色时通常要表现出自然感，因此树木、棉麻等材质的色彩在日式风格中较常使用。

简约灯具　直线条实木餐桌

低矮实木茶几　简约灯具

直线条实木收纳柜　竹木灯具

低矮茶几　纯色布艺沙发

低矮电视柜　纯色棉麻桌布

低矮茶几　实木框架布艺沙发

直线条实木餐桌　简约灯具　和风装饰画

障子门　直线条实木餐桌

和风装饰画　蒲团坐垫

直线条实木餐桌　日式挂帘

直线条实木餐桌　简约灯具

实木圆桌　简约灯具

简约灯具　直线条实木餐桌

实木餐桌椅　纯色地毯

多功能收纳柜　简约灯具

简约灯具　直线条实木书桌

低矮边几　多功能收纳柜

直线条实木餐桌　简约灯具

纯色布艺沙发　直线条实木餐桌

禅意绿植 实木餐椅

直线条实木餐桌

纯色布艺床品 简约灯具

玻璃花瓶 编藤地毯

直线条实木书桌 实木收纳柜

直线条实木餐桌 清水烧茶具

原木色可形成怀旧、自然的空间情绪

由于日本传统美学对原始形态十分推崇，因此原木色在日式家居中是一定要出现的色彩，可以令家居环境更显干净、明亮，同时形成一种怀旧、思乡、回归自然的空间情绪。这种色彩被大量地运用在家具、门窗、吊顶之中，同时常用白色作为搭配，可以令家居环境更显干净、明亮。如若喜欢更加柔和的配色关系，也可以把白色调整成米黄色。

白瓷花瓶　多功能收纳柜

和风灯具　藤编座椅

藤编地毯　低矮组合茶几

实木电视柜　日式茶盘

白瓷花瓶　低矮电视柜

多功能实木收纳柜　玻璃花瓶

多功能实木收纳柜　直线条实木餐桌

竹木灯具　直线条实木餐桌

简约灯具　直线条实木餐桌

直线条实木餐桌　纯色棉麻窗帘

障子门　直线条实木餐桌

直线条实木餐桌　原木坐墩

直线条实木餐桌　障子门

障子门　和风宣纸灯具

直线条实木餐桌　简约灯具

障子门　简约灯具

直线条实木餐桌　玻璃花瓶

直线条实木餐桌　低矮座椅

多功能墙柜　直线条实木餐桌

简约灯具　直线条实木餐桌

榻榻米　浮世绘装饰画

日式插花　直线条实木书桌

竹木卷帘　直线条实木书桌

日式挂帘　直线条实木餐桌

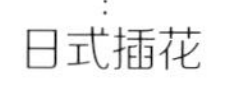

竹木卷帘　日式插花

避免采用纯度和明度过高的色彩

日式风格的家居中，不论是家具，还是装饰品，色彩多偏重于浅木色，可以令家居环境更显干净、明亮。同时，也会出现蓝色、红色等点缀色彩，但以浊色调为主。纯度和明度过高的色彩，会打破空间的清幽感。

实木框架布艺沙发　简约风装饰画

竹木灯具　日式茶盘　纯色布艺沙发　纯色布艺靠枕

直线条实木茶几　实木框架布艺沙发

纯色棉麻窗帘　简约风装饰画

纯色地毯 纯色布艺沙发

和风宣纸灯具 低矮边几

纯色布艺沙发 玻璃花瓶

障子门 纯色棉麻窗帘

实木框架布艺沙发 低矮茶几

纯色布艺沙发 低矮茶几

简约灯具 纯色地毯

纯色布艺沙发 日式茶盘

多功能电视墙柜　低矮茶几　纯色布艺沙发　竹木卷帘

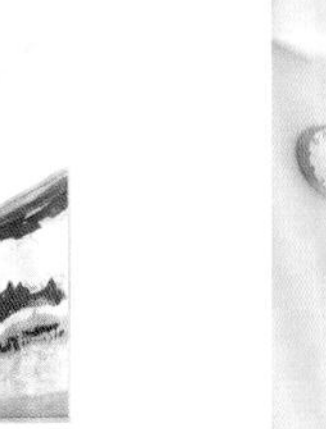

简约风装饰画　实木边几　纯色布艺沙发　低矮茶几

日式茶盘　玻璃花瓶　低矮茶几　纯色布艺沙发

低矮电视柜　纯色布艺沙发

实木框架布艺沙发　低矮茶几

低矮茶几　实木框架布艺沙发

简约灯具　直线条实木双人床

纯色布艺靠枕　低矮茶几

纯色布艺床品　直线条实木双人床

纯色地毯　多功能床头柜

家具力求保证原始空间的宽敞、明亮感

日式家具低矮且体量不大，家居布置时运用的数量也较为节制，力求保证原始空间的宽敞、明亮感。另外，带有日式本土特色的家具，如榻榻米、日式茶桌等，大多材质自然、工艺精良，体现出对于品质的高度追求。

榻榻米　地台升降桌

榻榻米床　地台升降桌

障子门　榻榻米

蒲团坐垫　日式茶盘

原木羊皮灯　榻榻米

榻榻米　福斯玛门

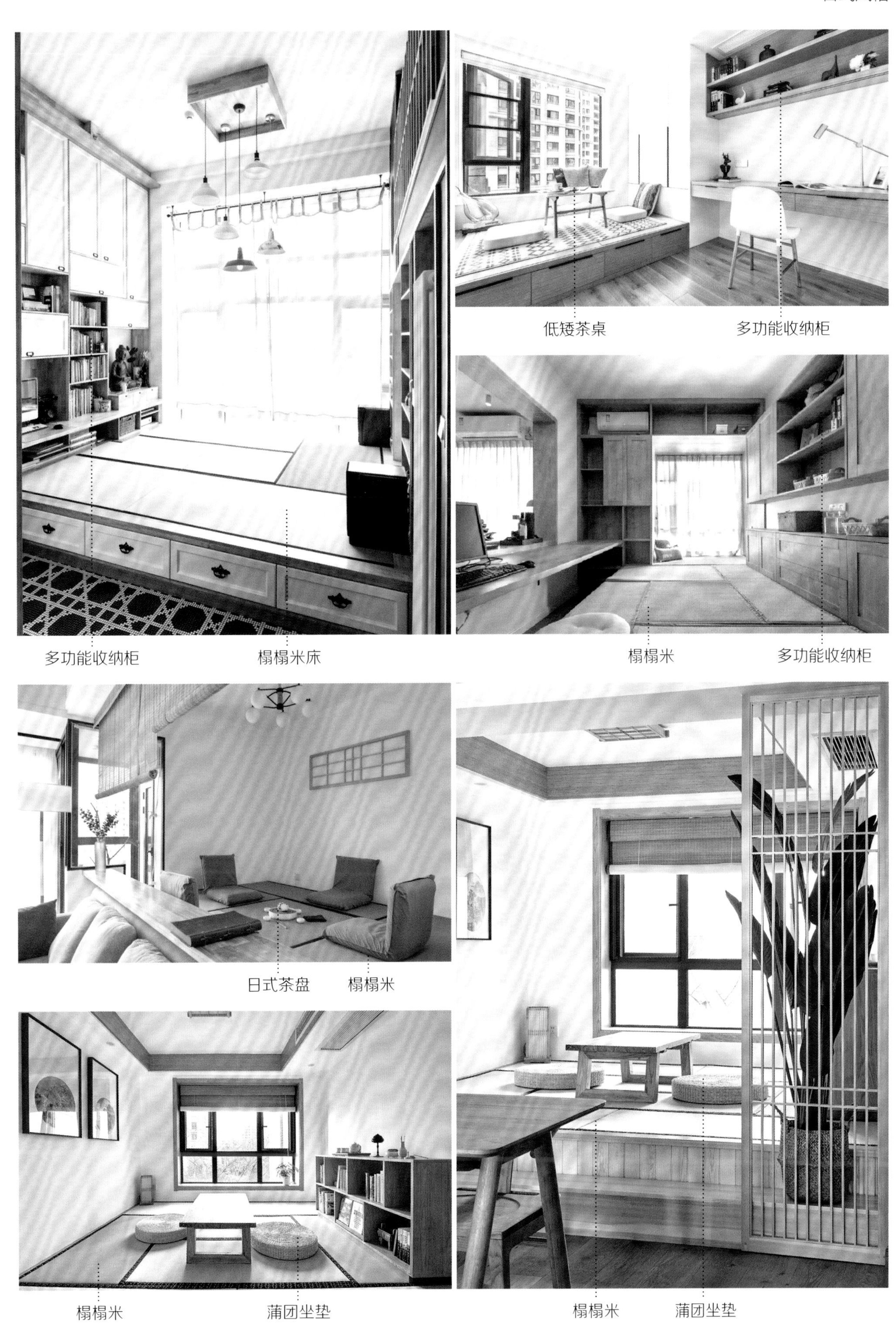

低矮茶桌 多功能收纳柜

多功能收纳柜 榻榻米床

榻榻米 多功能收纳柜

日式茶盘 榻榻米

榻榻米 蒲团坐垫

榻榻米 蒲团坐垫

榻榻米
无脚双人床
竹木卷帘
直线条实木茶几
浮世绘装饰画
榻榻米
多功能实木柜
和风装饰画
低矮茶几
蒲团坐垫
榻榻米
地台升降桌
榻榻米床
日式茶盘
无脚双人床
纯色棉麻窗帘

低矮茶桌
清水烧茶具
低矮双人床
简约风装饰画
榻榻米
纯色棉麻窗帘
蒲团坐垫
低矮双人床
简约风装饰画
低矮茶桌
直线条实木茶桌
多功能收纳柜
地台升降桌
蒲团坐垫

平淡节制、清雅脱俗的布艺造型

日式布艺织物以平淡节制、清雅脱俗为主，线条比较简洁，一般不加繁琐的装饰，少有花边、褶皱等设计，更重视实际的功能。材质方面，以素色的棉麻最受欢迎。其中，日式隔断帘非常受欢迎，这种设计方式可以令空间呈现出隔而不断的视觉效果，与日式风格追求空间的流动性不谋而合。

日式插花　纯色棉麻窗帘

纯色棉麻窗帘　纯色布艺沙发

多功能收纳柜　纯色布艺靠枕

纯色棉麻窗帘　低矮电视柜

低矮茶几　纯色布艺靠枕

障子门　纯色布艺沙发

实木框架布艺沙发　日式花纹靠枕

日式挂帘　直线条实木餐桌

纯色桌布　多功能收纳柜

低矮床头柜　纯色布艺靠枕

纯色棉麻窗帘　简约灯具

障子门　日式挂帘　竹木灯具　直线条实木餐桌

纯色布艺床品　纯色地毯

纯色布艺床品　简约风装饰画

简约灯具　低矮床头柜

纯色棉麻窗帘　简约灯具

纯色棉麻窗帘　低矮双人床

简约灯具　纯色布艺床品

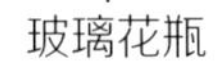

玻璃花瓶　简约风装饰画

简约灯具　纯色布艺床品

纯色布艺床品　直线条实木书桌

纯色棉麻窗帘　简约灯具

和风装饰画　简约灯具

多功能茶桌　纯色布艺床品

简约灯具　直线条实木床

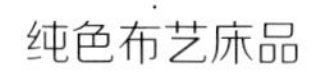

纯色布艺床品　纯色棉麻窗帘

竹木灯具　日式挂帘

日式禅意灯具营造空间的温暖、安静感

日式灯具既要体现日式风格的精髓，又要透出一丝禅意。从外观上说，日式灯具的线条感强，造型讲究，形状以圆形、弧形居多；从灯光颜色来说，光线温和，偏暖黄，给人温暖、安静的感觉。

纯色布艺沙发　和风宣纸灯具

直线条实木茶几　和风宣纸灯具

榻榻米　和风装饰画

竹木灯具　低矮茶几　日式插花　实木框架布艺沙发

和风宣纸灯具　直线条实木餐桌

直线条实木餐桌　竹木灯具

直线条实木餐桌　竹木灯具

木皮灯具　日式插花

日式挂帘　竹木灯具

直线条实木餐桌　和风宣纸灯具

直线条实木餐桌　竹木灯具

和风宣纸灯具　榻榻米

直线条实木玄关柜　藤编灯具

纯色布艺床品　障子门

和风装饰画　简约灯具

低矮床头柜　福斯玛门

竹木灯具　纯色布艺靠枕

地台升降桌　蒲团坐垫

清水烧茶具　直线条实木茶桌

榻榻米　地台升降桌

榻榻米　地台升降桌

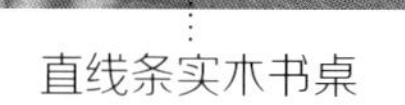

直线条实木书桌　竹木卷帘

装饰品力求表现清雅的风格特征

日式风格家居中的装饰品同样遵循以简化繁的手法，求精不求多。利用独有风格特征的工艺品，来表达其风格本身特有的韵味。装饰品一般来源于两个方面，一种是典型的日式装饰，如招财猫、和风锦鲤装饰、和服人偶工艺品、浮世绘装饰画等；另一种为体现日式风格情调的装饰，如清水烧茶具、枯木装饰等。

简约灯具　和风装饰画

竹木灯具　和风装饰画

纯色布艺沙发　直线条实木茶几

纯色布艺靠枕　低矮组合茶几

低矮茶几　藤编地毯

直线条实木长桌　和风宣纸灯具

直线条实木餐桌　竹木灯具　日式花纹靠枕　日式插花

直线条实木茶桌　日式茶盘

清水烧茶具　直线条实木茶桌

榻榻米　蒲团坐垫　纯色布艺床品　浮世绘装饰画

障子门
直线条实木玄关柜
禅意摆件
日式插花
和风装饰画
障子门
日式茶盘
禅意绿植
障子门
清水烧茶具
障子窗
日式插花

东南亚风格

材料

取材基本都是源于纯天然材料，这些材质会使居室显得自然、古朴。

藤、木、棉麻、椰壳、水草

家具

选材上讲求原汁原味，制作上注重手工工艺带来的独特感，属于一种混搭风格。

木雕家具、实木家具、藤艺家具、无雕花架子床

配色

取材自然，因此在色泽上也多为来源于木材和泥土的褐色系，体现自然、古朴、厚重的氛围。

大地色 + 紫色、大地色 + 多彩色、大地色 + 金色 / 橙色、无彩色系 + 大地色 + 绿色

装饰

东南亚风格的工艺品富有禅意，蕴藏较深的泰国古典文化，也体现出强烈的民族特征。

大象饰品、佛像饰品、泰丝靠枕、纱幔、木皮灯具、竹编灯具、东南亚吊扇灯、东南亚特色花纹壁挂

形状图案

图案主要来源于两个方面：一种是以热带风情为主的花草图案；另一种是极具禅意风情的图案。

树叶图案、芭蕉叶图案、莲花 / 莲叶图案、佛像图案、漏窗

自然色彩与艳丽色彩组合

东南亚风格最重要的特征是取材自然，因此在色泽上也多为来源于木材和泥土的褐色系。另外，东南亚地处热带，气候闷热潮湿，在家居装饰上常用夸张艳丽的色彩冲破视觉的沉闷，常见红、蓝、紫、橙等神秘、跳跃的源自大自然的色彩。

实木茶几　热带绿植图案靠枕

东南亚特色花纹壁挂　实木茶几

木雕坐凳　泰式雕花台灯

热带绿植　藤编落地灯　异域风情装饰画

佛塔造型家具　泰式雕花茶几

东南亚风格灯具　藤艺茶几

热带绿植　藤艺座椅

佛像饰品　实木茶几

热带绿植图案座椅　色彩浓郁的窗帘

木雕花台灯　佛像饰品

色彩浓郁的床品

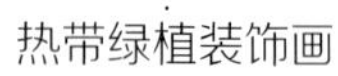

热带绿植装饰画　东南亚特色花纹壁挂

佛像饰品

色彩浓郁的靠枕　木雕双人床

实木床头柜

泰式雕花衣柜　东南亚特色花纹坐垫

纱幔

热带绿植装饰

纱幔　泰式雕花床头柜

实木书桌

色彩浓烈的收纳柜

体形庞大的木雕家具充分展现自然、异域风情

东南亚风格的家具大多就地取材，体形庞大，具有异域风情。其中，木雕家具最为常见，又以柚木为上好原料。另外，也常见藤质家具，其天然环保，且具有吸湿、吸热、透风、防蛀、不易变形和开裂等物理性能，可以媲美中高档的硬杂木材。

木雕茶几　藤艺座椅

实木茶几　泰丝靠枕

版画　实木沙发

热带绿植花艺　泰丝靠枕

木雕茶几　大象造型矮凳

大象造型矮凳

泰式雕花餐边柜　实木餐桌

实木餐桌　东南亚特色花纹壁挂

实木圆桌　泰式雕花餐椅

热带绿植

实木餐桌

泰式雕花沙发　实木茶几

实木餐桌椅　琉璃吊灯

木碗　泰式雕花餐椅

异域风情桌旗　木雕餐桌

色彩浓郁的窗帘　木雕摇椅

泰式雕花书桌

无雕花架子床　泰式雕花衣柜

实木餐桌椅　竹编灯具

无雕花架子床　泰丝靠枕

泰式雕花座椅　热带绿植

泰丝靠枕　流彩灯

泰式雕花沙发　大象图案装饰画

东南亚特色浮雕　竹编灯具

泰式雕花茶几　热带绿植

藤编制品彰显自然之美和民族特色

东南亚风格的家具具有来自热带雨林的自然之美和浓郁的民族特色，选材上讲求原汁原味，制作上注重手工工艺带来的独特感。其中，藤编家具在东南亚风格中的出现频率较高，将自然风格展现得淋漓尽致。同时，藤类建材也会表现在装饰物上，如藤编花瓶、藤编墙面挂饰、藤编收纳篮等。

东南亚特色花纹坐垫　藤艺座椅

藤艺茶几　佛像饰品

佛像饰品　实木茶几

藤艺家具　东南亚吊扇灯

莲叶装饰　木雕

藤艺茶几　泰丝靠枕

东南亚吊扇灯　藤艺座椅

实木茶几　石凳

泰丝靠枕　藤艺茶几

佛头装饰　藤艺座椅

佛像饰品　藤艺座椅

泰丝靠枕　藤艺座椅

木雕座椅　热带绿植花艺

藤艺座椅　热带绿植

泰式雕花家具　藤艺座椅

藤艺双人床　花草植物靠枕　实木收纳柜　大象主题装饰画

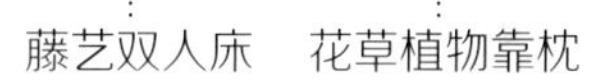

藤艺双人床　花草植物靠枕

纱幔　藤艺座椅

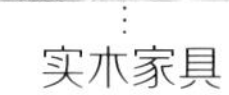

藤艺摇椅　实木家具

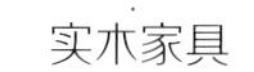

彩绘雕花柜　实木家具

色彩艳丽的布艺为空间营造神秘气息

各种色彩艳丽的布艺装饰是东南亚家居的最佳搭档。其中，泰丝靠枕是沙发或床最好的装饰品；也常见曼妙的纱幔、色彩厚重的窗帘等布艺装饰。在布艺色调的选用上，东南亚风情标志性的炫色系列多为纯度较高的色彩。

泰丝靠枕　东南亚特色花纹壁挂

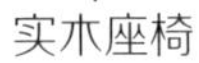

实木座椅　泰丝靠枕　实木茶几

热带绿植图案靠枕　大象造型矮凳　热带绿植

泰丝靠枕　丝缎布艺窗帘

无雕花架子床　色彩浓郁的窗帘

泰丝靠枕　纱幔

实木衣柜　无雕花架子床

藤艺双人床　花草植物靠枕

纱幔　无雕花架子床

花草植物地毯　泰丝靠枕

佛像装饰　泰丝靠枕

无雕花架子床　　实木摇椅

热带绿植　　实木双人床

纱幔　　泰式雕花家具

无雕花架子床　　纱幔

藤艺座椅　　热带绿植　　手绘收纳柜

泰丝靠枕　丝缎布艺窗帘

泰丝靠枕　纱幔

无雕花架子床

色彩浓郁的床品　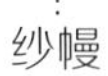纱幔

泰丝靠枕

泰式雕花床头柜　佛塔装饰

取材自然的灯具带来强烈艺术特征

东南亚风格的灯饰和家具一样，也延续了取材自然的特点。如贝壳、椰壳、藤、枯树干等，都可以用来设计灯具，具有强烈的艺术化特征。另外，东南亚风格的灯饰在造型上具有明显的地域民族特征，如佛手灯、大象造型的台灯等。

木雕家具　热带绿植

泰丝靠枕　泰式雕花边几

实木茶几

热带绿植图案靠枕　东南亚吊扇灯　藤艺家具

藤艺茶几　木皮灯具

泰丝靠枕　木皮灯具

木皮灯具　东南亚特色花纹壁挂

泰式雕花茶几　编藤地毯

实木木雕沙发　佛像饰品

木皮灯具　实木餐桌椅

竹编灯具　藤艺家具

实木家具　东南亚吊扇灯

色彩浓郁的窗帘　实木座椅

木皮灯具　藤艺座椅

泰丝靠枕　纱幔

东南亚吊扇灯　木雕座椅

东南亚吊扇灯　实木电视柜

藤艺座椅　竹编灯具

异域风情装饰画　泰式雕花双人床

泰式雕花茶几　木皮灯具

大象造型台灯　热带绿植图案靠枕

实木书桌　佛头造型台灯

装饰品选择常具有禅意特征

东南亚风格的工艺品富有禅意，蕴藏较深的泰国古典文化，也体现出强烈的民族性，主要表现在大象饰品、佛像饰品的运用上。另外，东南亚风格的居室也常见纯手工制作而成的装饰品，如人物木雕、手工锡器，或者竹节袒露的竹框相架等，均带着几分拙朴；有时也会使用做旧的黄铜制作各种动物雕塑、佛首等。

东南亚吊扇灯　锡器

锡器　热带绿植图案靠枕

佛像饰品　佛寺装饰

木雕座椅　泰丝靠枕

实木茶几　佛头装饰

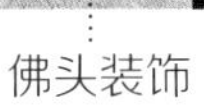

佛头装饰　实木书桌

佛像饰品 东南亚特色花纹壁挂

东南亚特色花纹壁挂　实木餐桌椅

泰丝靠枕　锡器

锡器　实木家具

泰丝靠枕 藤艺沙发

木雕　佛像饰品

大象饰品　实木书桌

佛头装饰　色彩浓郁的坐垫

佛像饰品　浮雕装饰画

热带绿植　佛像饰品

佛像饰品　佛手

火焰纹装饰　泰式雕花家具